# 中国泡桐属种质资源图谱

李芳东　乔　杰　王保平　李荣幸　等　著

中国林业出版社

本书著者：

李芳东　乔　杰　王保平　李荣幸

李培建　崔令军　王炜炜　张进科

图书在版编目（CIP）数据

中国泡桐属种质资源图谱 / 李芳东等著 . -- 北京 : 中国林业出版社 , 2013.10
ISBN 978-7-5038-7067-5

Ⅰ . ①中… Ⅱ . ①李… Ⅲ . ①泡桐属－种质资源－中国－图谱 Ⅳ . ① S792.430.4-65

中国版本图书馆 CIP 数据核字 (2013) 第 115827 号

出　版　中国林业出版社（100009 北京西城区德内大街刘海胡同 7 号）
发　行　中国林业出版社
印　刷　中科印刷有限公司
版　次　2013 年 10 月第 1 版
印　次　2013 年 10 月第 1 次
开　本　787mm × 1092mm　1/16
印　张　7.5
字　数　180 千字
定　价　78.00 元

# 前言

泡桐是原产我国的重要速生树种之一，在生态环境建设、城乡居民区绿化、速生丰产林营造和平原农区造林工作中，都发挥了重要作用[1]。我国有泡桐属完整的植物种群，种间和种内变异丰富，在保持生物多样性和选择利用等方面具有重要意义。泡桐生长快，轮伐期短，优良基因资源容易流失。在泡桐属中有一些种类，分布范围较小，种群数量较少，加上近年来优良泡桐品种的选育推广，使这些种类濒临灭绝。同时，自20世纪70年代以来，国内通过选择和杂交等途径，选育了一批优良杂交组合、单株和无性系，这些资源也亟待收集保存。因此，全面开展泡桐种质资源的调查、收集和保存，是非常必要的。根据“泡桐基因库与育种群体建立技术研究”项目的要求，2008年1月至2011年12月，项目组用4年时间在全国22个省（自治区、直辖市），设置了200多个调查点，系统开展了泡桐属种质资源的调查收集工作。

调查收集的内容包括泡桐属不同种和变种，种间、种内变异类型，不同地理种源，优良单株和优良无性系。收集材料包括种子和枝条两大类。所有种源均采集种子；种类资源、种内种间变异类型、优良单株和无性系的收集，为保存其原有的基因型，全部采集一年生枝条。对收集到的所有材料分别用播种育苗、嫁接育苗、幼化繁育进行苗木繁殖。并在此基础上进行泡桐基因库和育种群体的建立。

经过4年时间的调查，收集了泡桐属的11个种和2个变种6个变型的繁殖材料38份、种间变异单株12个、种内变异类型15个、4个泡桐原始种的种源80个、优良单株92棵、已鉴定无性系38个、未鉴定无性系43个、超级苗51株。在调查收集过程中，实测了1 500多棵泡桐单株，取得数据20 000多个，得到树形、花序、花、果实、叶片等照片5 000余张，先后繁育各类苗木7.1万株，其中嫁接苗1.40万株、埋根苗2.78万株、组培苗1.42万株、采用种子繁殖方法繁育地理种源实生苗1.50万株，为泡桐基因库和育种群体的建立提供了材料。

作　者

2013年3月15日

# 目 录

# 一、泡桐属的种类资源

对于泡桐属 *Paulownia* 的分类，国内外学者做了大量工作，发表了很多种和变种。1959年胡秀英在总结整理以往研究的基础上，归纳为5个种：毛泡桐 *P. tomentosa*、白花泡桐 *P. fortunei*、川泡桐 *P. fargesii*、光泡桐 *P. glabrata*、台湾泡桐 *P. kawakamii*，并发表了1个新种长叶泡桐 *P. elongata*。

20世纪70年代初，随着我国泡桐产业的迅猛发展，国内学者对泡桐的分类、分布进行了广泛的调查研究，先后发现和发表了一些新的种、变种和变型。1976年以竺肇华为首的国内有关学者对以上工作进行总结，归纳为7种1变种，并以龚彤的名义发表，包括白花泡桐 *P. fortunei*、楸叶泡桐 *P. catalpifolia*、兰考泡桐 *P. elongata*、毛泡桐 *P. tomentosa*、南方泡桐 *P. australis*、川泡桐 *P. fargesii*、台湾泡桐 *P. kawakamii* 和毛泡桐的变种光泡桐 *P. tomentosa* var. *tsinlingensis*[2]。1990年苌哲新在《泡桐栽培学》一书中又增加了鄂川泡桐 *P. albiphloea*、山明泡桐 *P. lamprophylla* 2个种和成都泡桐 *P. albiphloea* var. *chengtuensis*、亮叶毛泡桐 *P. tomentosa* var. *lucida*、黄毛泡桐 *P. tomentosa* var. *lanata* 3个变种，以及白花兰考泡桐 *P. elongata* f. *alba*、圆叶山明泡桐 *P. lamprophylla* f. *rotunda*、白花毛泡桐 *P. tomentosa* f. *pallida* 和光叶川桐 *P. fargesii* f. *calva* 4个变型，使泡桐属共包含9种、4个变种4个变型[1,3,4]。

在龚彤对全国泡桐进行归纳总结以后的30多年内，国内不少学者又在此基础上进行了更深入的调查研究，先后发表了一些新的种、变种和变型，包括陈志远发表的宜昌泡桐 *P. ichengensis*、建始泡桐 *P. jianshiensis*、长阳泡桐 *P. changyangensis*[5-9]，张存义发表的圆冠泡桐 *Paulownia×henanensis* hybr.nov.[10]，付大立等发表的齿叶泡桐 *Paulownia serrata* sp. nov.[11]等。同时，不少学者利用形态学分类、数量分类、细胞学分类和分子生物学分类方法，从不同角度进一步对泡桐属的分类、种内不同种的分组以及各个种的亲缘关系与种群演化进行了广泛的研究、探讨，并发表了不同的认识和看法。这些有关泡桐属分类方面认识上的差别，说明了国内相关学者在泡桐属研究上的不断深入。

在进行全国泡桐属种质资源调查收集过程中，我们从形态特征、生态特性、分布状况和性状稳定性等方面，对不同种、变种、变型进行了全面观察、比较，并利用DNA分子标记技术进行了遗传特异性的标记和分析[12-15]。针对泡桐属分类上的争议，为了便于资源收集，我们根据以往泡桐分类研究的结果，提出了以下3点认识：

（1）泡桐属现有11个种，包括毛泡桐、白花泡桐、华东泡桐、川泡桐、台湾泡桐、兰考泡桐、山明泡桐、宜昌泡桐、楸叶泡桐、鄂川泡桐、建始泡桐。

（2）泡桐属现有2个变种，包括鄂川泡桐的变种成都泡桐、毛泡桐的变种亮叶毛泡桐，以及6个变型，包括白花毛泡桐、光泡桐、黄毛泡桐、白花兰考泡桐、光叶川桐和圆叶山明泡桐。

（3）兴山泡桐、长阳泡桐、圆冠泡桐等，由于株数太少，与上述种类之间性状差异较小，不宜作一个种单列，仅可作为种内变异类型或杂种无性系。

下面分述泡桐属各个种、变种和变型的形态特点。

## 1 毛泡桐 *Paulownia tomentosa*

花序广圆锥形，聚伞花序总梗与花梗近等长，花序枝上部较长一段无分枝。花蕾小，圆形，花梗弯曲呈直角，花紫色，较小，花萼深裂。结果多，果近圆形，果壳薄。叶近圆形，正反两面均有被毛，幼果、幼叶有黏质腺毛。毛泡桐是北方泡桐种类的代表种，分布范围广，从长江中下游一直到泡桐分布区的北界，其重点分布区为大别山和神农架及其周边地区，属天然分布，有大量野生种群，其余地区多为人工栽培。毛泡桐抗旱耐寒，适应能力强，木材材质致密，是优良的家具用材。

毛泡桐

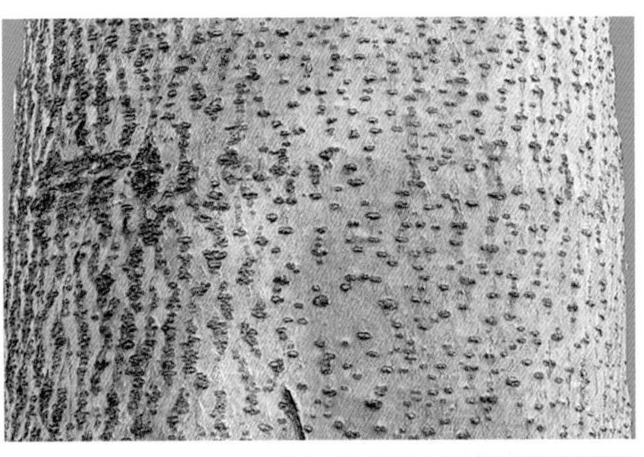

毛泡桐

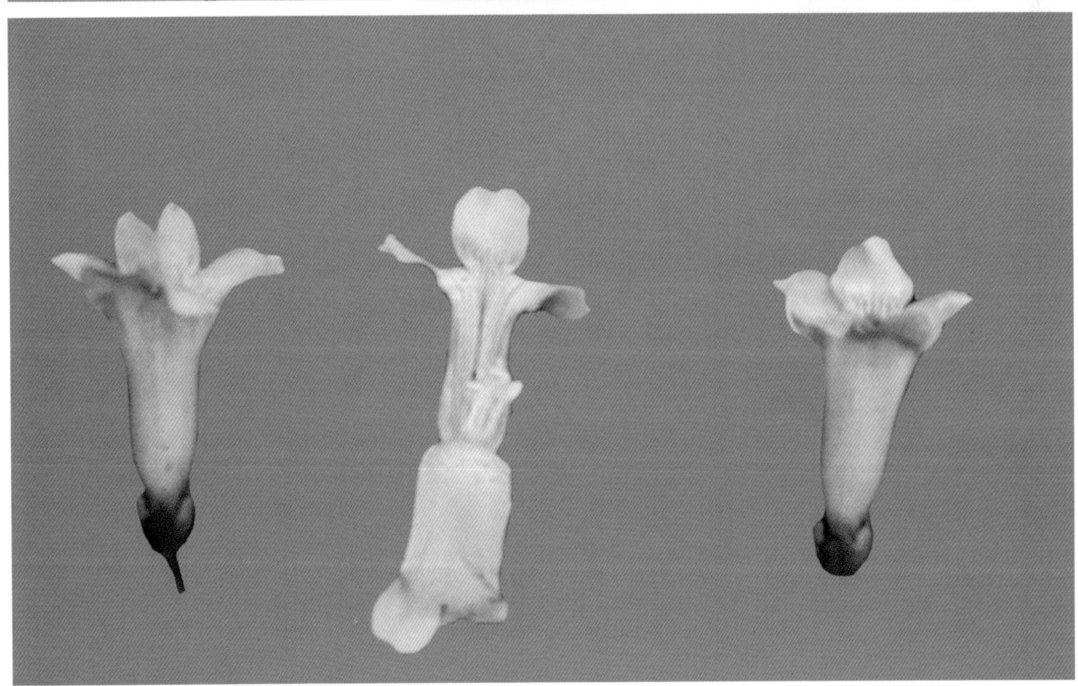

## 2 白花泡桐 *Paulownia fortunei*

花序短小，圆柱形，总梗与花梗近等长，花蕾大，倒长卵形，被毛易脱落，花萼肥大，浅裂。花大近白色，花筒内腹部有较大紫斑，喉部背腹明显压扁。果大，矩状长椭圆形，果壳厚，结果较多。叶厚，叶形狭长，叶面少毛有光泽。树干通直，自然接干能力强，树形多为长卵形、塔形。白花泡桐是南方泡桐种类的代表树种，分布范围广，遍布长江流域以南各地，除一部分人工栽培外，多为天然分布。

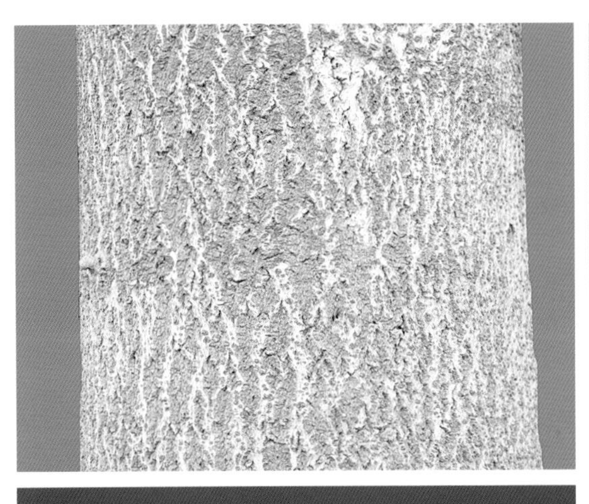

## 3 华东泡桐 *Paulownia kawakamii*

花序枝宽大，广圆锥形，总梗极短或无，花期花序枝上段小叶片一直到顶，花蕾极小，三棱状，密被黄色茸毛，不易脱落。花小，深紫色至蓝紫色，结果多，果小，近圆形，果壳薄，宿存萼片反卷。叶近圆形，正反两面多腺毛。华东泡桐也属于南方泡桐种类，其分布区多与白花泡桐重叠，本种原名台湾泡桐，因重名，由华中农业大学陈志远建议改名为华东泡桐。

华东泡桐

华东泡桐

## 4 川泡桐 *Paulownia fargesii*

花序枝广圆锥形，基部几对侧枝常与主枝近等长，花序稀疏，上部不分枝，总梗短于花梗。花蕾较小，呈多棱状，密被黄色茸毛，花萼深裂。花紫色，稍大，花冠从基部起突然膨大呈钟形。结果多，果卵圆形，较小，果壳薄，宿萼不反卷。川泡桐以天然分布为主，人工栽培较少，大多分布于海拔1 000m以上的山地和高原地区。

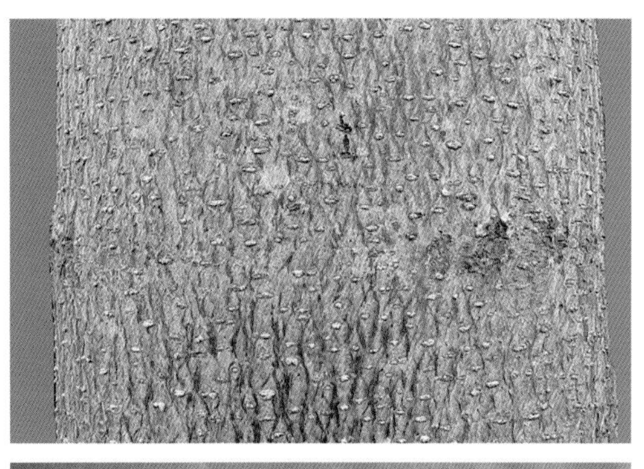

川优4

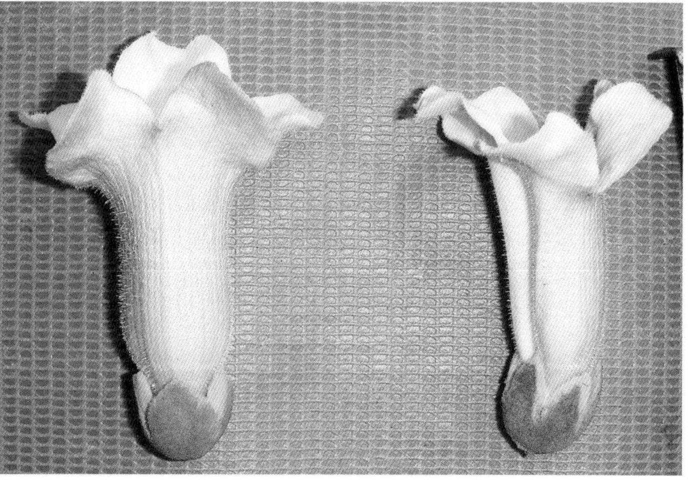

## 5 台湾泡桐 *Paulownia taiwaniana*

花序枝宽大，呈广圆锥形，总梗短于花梗。花蕾较大，倒长卵形，被毛不易脱落，花萼浅裂。花大，紫色或蓝紫色，着生密集。结果多，果较大，多为长卵形，但个体间变化较大，果壳较厚。叶广卵圆形，背面密被树枝状毛和腺毛，初生叶及叶柄常带紫红色。台湾泡桐的大部分分布区与白花泡桐和华东泡桐相重叠，除天然分布外，也有一部分人工栽培。本种曾用海岛泡桐、南方泡桐等名称，因属同物异名，今统一改为台湾泡桐。

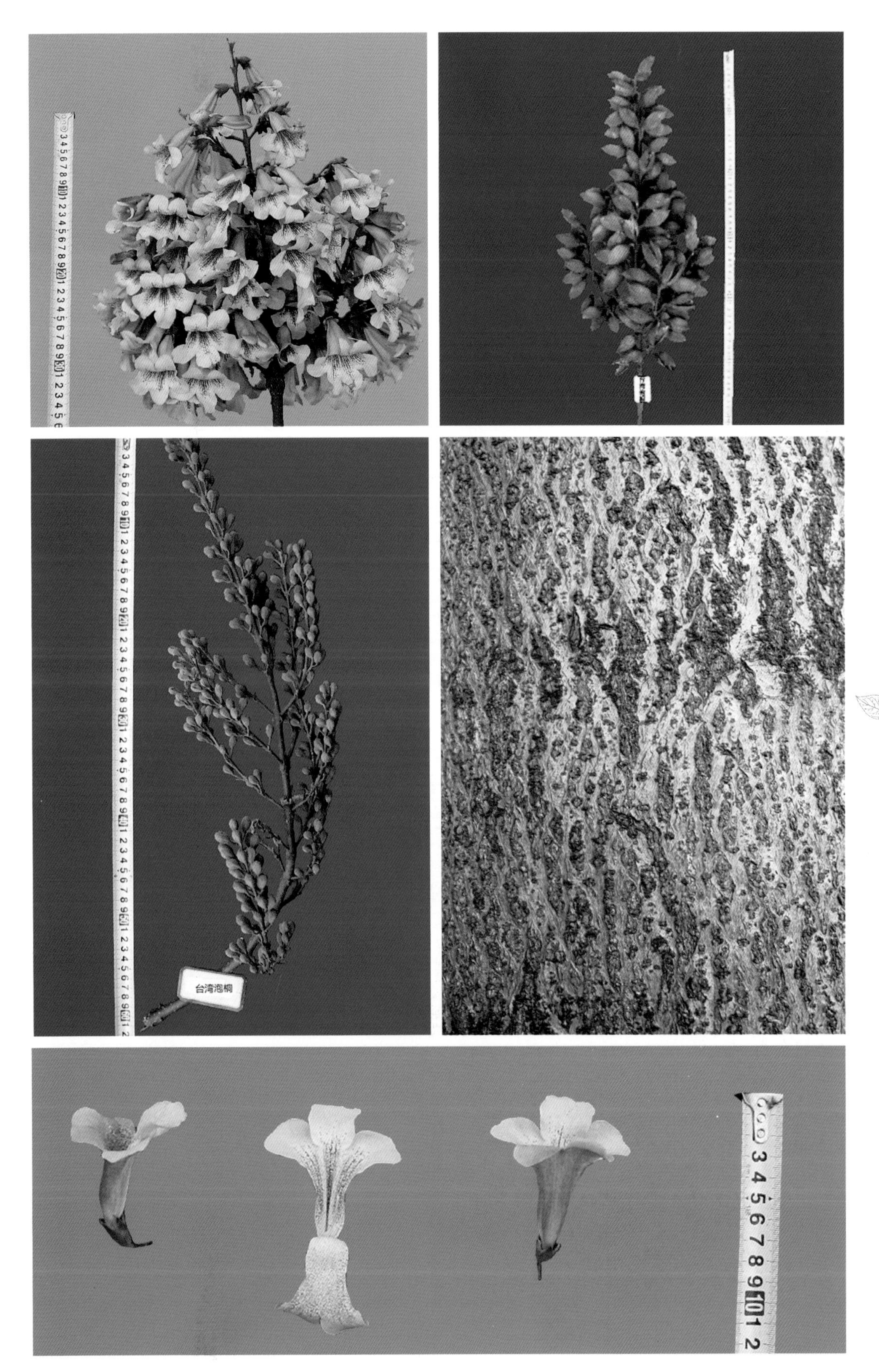
台湾泡桐

## 6 兰考泡桐 *Paulownia elongata*

花序枝狭圆锥形，总梗与花梗近等长。花蕾较大，倒长卵形，花萼下部较瘦长，外被黄褐色分枝毛，开花后脱落，花萼浅裂。花密集，紫红色，花筒腹部具两条明显皱褶，筒内密布细而均匀的紫色斑点。结果较少，果卵圆形，较小，宿萼直立。树冠多为卵圆形，分枝角度大，多以徒长枝接干，树干尖削度大，树冠层性明显。兰考泡桐是完全靠人工栽培的泡桐种类，集中分布于我国以黄、淮、海平原为代表的黄河流域。

## 7 山明泡桐 *Paulownia lampropylla*

花序枝狭圆锥形，较短，总梗与花梗近等长。花蕾倒长卵形，较大，花萼浅裂，被毛易脱落。花较大，淡紫色，花药败育无花粉。筒内有稀疏小紫斑。结果极少，果长卵形，较大，果壳较厚，宿萼尖端反卷。叶较厚，长椭圆状卵形，深绿色，叶面少毛有光泽。该种与兰考泡桐相似，其区别点为叶厚表面有光泽，花序枝较短，宿萼外卷，花萼和花较大，花筒内有稀疏小紫斑，花药败育。山明泡桐分布范围很小，主要在河南省西南部的南阳市和湖北省西北部的襄阳市的部分市县，基本是人工栽培，未发现天然分布。

山明泡桐

## 8 宜昌泡桐 *Paulownia ichangensis*

花序枝狭圆锥形，总梗与花梗近等长。花蕾着生稀疏，开花前极易大量落蕾，花萼浅裂，萼基圆形。花浅紫色，较大，上唇反卷不明显，花冠内下唇两皱褶间和其外侧有3条由许多紫色斑点组成的色斑，色较深。结果较少，果卵形，壳较厚，宿萼通直。分枝角度较小，主枝和侧枝的次第分明。宜昌泡桐也是一个人工栽培种类，分布范围很小，主要分布于湖北省宜昌市附近几个县，完全依靠人工栽培。

宜昌泡桐

## 9 楸叶泡桐 *Paulownia catalpifolia*

花序枝狭圆锥形，总梗与花梗近等长。花蕾细长，长卵形，花萼浅裂。花淡紫色，花筒较细，花药败育无花粉。除胶东半岛外，其他地方结果极少，果长矩圆形，果壳较厚，果尖偏斜。叶狭长内折，叶片厚，叶面少毛有光泽，着生状态下垂。分枝角度小，自然接干能力强，树冠塔形或长卵形，冠幅窄。楸叶泡桐也是一个典型的北方泡桐种类，分布区域较大，主要靠人工栽培，长期进行无性繁殖。

## 10 鄂川泡桐 *Paulownia albiphloea*

花序枝狭圆锥形，较大，总梗短，仅为花梗长度的一半，花蕾倒卵形，花萼浅裂。花较大，紫色，冠筒内有紫色细斑点。结果多，果矩圆形，似楸叶泡桐，果尖偏斜。树皮在7～8年生以前为灰白色，较光滑。鄂川泡桐属“微域”树种，分布范围很小，主要分布于四川省以成都为中心的平原地区和重庆市附近，全部为人工栽培，

鄂川泡桐

## 11 建始泡桐 *Paulownia Jianshiensis*

花序枝为狭圆锥形，总梗与花梗近等长。花蕾倒卵形，花萼浅裂，上方一萼片尖端钝圆，总梗、花梗、花萼均密被黄色短柔毛，开花时不脱落。花紫色，冠筒内有不规则的小紫斑。结果多，果椭圆形，果尖偏斜，与楸叶泡桐相似，果壳较厚，宿萼开张。树冠卵圆形，树皮光滑，干性和果形与楸叶泡桐相似。本种分布范围很小，主要分布于湖北省恩施市，以建始县为主，在该县的孔雀河沿岸分布比较集中，完全为人工栽培。

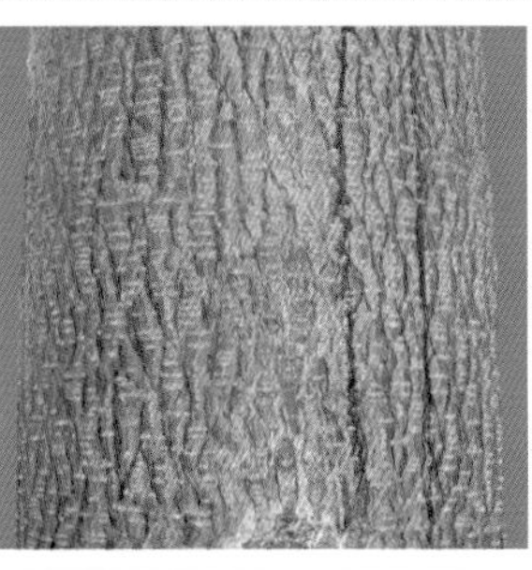

## 12 成都泡桐 *Paulownia albiphloea* var. *chantuensis*

鄂川泡桐变种，花序枝狭圆锥形，大而长，总梗短于花梗，花蕾卵形，花萼浅裂。花紫色，结果极少，果较大，长矩圆形，果壳较厚。叶厚，叶身皱，不平，叶面有光泽，叶背面无毛，树皮鳞状开裂，侧枝粗壮，分枝角度大，能自然接干。与鄂川泡桐相比较，本种特点为成熟叶背面无毛，结果极少，果长矩圆形，成熟果被毛大部脱落，花序枝上部一段无分枝，似毛泡桐。本种分布范围不大，栽培数量不多，也是以无性繁殖保持种的稳定性。

## 13 亮叶毛泡桐 *Paulownia tomentosa* var. *lucida*

毛泡桐的变种，花序枝圆锥形，短而紧凑。枝条节间短，皮孔白色大而多。叶面无毛，有光泽，叶身较薄。在长江流域表现封顶早，落叶早，生长极差。分布于辽宁南部的大连市附近。

## 14 光泡桐 *Paulownia tomentosa* var. *tainlingensis*

毛泡桐的变型，其特点为成熟叶片背面毛极少或无毛，一般生长较慢，叶片较小，叶基圆形或浅心形。光叶泡桐的分布范围包括甘肃、陕西、山西、河南、河北等省。

## 15 黄毛泡桐 *Paulownia tomentosa* var. *lanata*

毛泡桐的变型，与毛泡桐的区别主要是成熟叶片背面和花萼外面密被黄色绵毛。主要分布于河南西部、湖北西部等地。苌哲新1974年定名为黄毛泡桐变种。

## 16 白花毛泡桐 *Paulownia tomentosa* f. *pallida*

毛泡桐的变型，其特点为花白色，花序枝细长、柔软、略下垂。主要分布于湖北西北部的襄阳市和河南西南部的南阳市。苌哲新于1974年定为毛泡桐的变种，在《泡桐栽培学》中改为毛泡桐的变型。

## 17 白花兰考泡桐 *Paulownia elongata* f. *alba*

兰考泡桐的变型，主要特点是花冠近白色，阳面淡紫色。主要分布于河南、山东、安徽、湖北等兰考泡桐栽培区内。袁哲新等在1974年定名为兰考泡桐的新变型。

# 二、泡桐属的种间变异

在种类调查的过程中，发现了12个形态变异的个体或类型，与现有种类存在一定的区别，表现为不同种间的过渡类型，为了保存这些变异材料，我们作为种间变异类型进行登记、收集和嫁接繁殖。已收集的种间变异单株见表2-1。

各个种、变种和变型的形态特点如下：

表2-1　泡桐种间变异材料

| 名称 | 采集地点 | 形态特点 |
| --- | --- | --- |
| 白变1号 | 湖北咸宁 | 花序枝狭圆锥形，花蕾较小，倒卵形，花淡紫色，萼裂深1/2，花期被毛不脱落；叶宽；果长椭圆形，先端偏斜 |
| 白变5号 | 江西九江 | 花大、淡紫色，筒内密布小紫斑，花萼浅裂，花冠腹部皱缩，花期被毛脱落；果小、卵圆形 |
| 毛变8号 | 安徽安庆 | 花序枝狭圆锥形，分枝多，较集中，总梗短于花梗，花蕾圆形，花紫色，较小，花萼深裂，花期被毛不脱落；果小，圆形 |
| 毛变20号 | 安徽池州 | 花序枝宽圆锥形，总梗明显短于花梗，花蕾圆形，较大，花紫色，花萼深裂，开花晚 |
| 建始1号 | 湖北建始 | 花序枝狭圆锥形，总梗明显短于花梗，花期较晚，花紫色较大，花萼浅裂；结果较多，较小，长卵形，先端长 |
| 宜昌1号 | 湖北宜昌 | 花序枝狭圆锥形，花淡紫色，较大，花萼浅裂，花期被毛部分脱落；果较小，卵圆形，先端偏斜 |
| 宜昌2号 | 湖北宜昌 | 花序枝宽圆锥形，花大、淡紫色，花萼粗大，浅裂，花期被毛不脱落，无果 |
| 共青2号 | 江西九江 | 花序枝宽圆锥形，花大、深紫色、花冠短粗、呈钟形，果椭圆形、先端偏斜 |
| 共青3号 | 江西九江 | 花序枝狭圆锥形，花小、白色、筒内紫斑极少，花萼浅裂，花期被毛不脱落，花冠腹部皱缩，果多，中大，卵形 |
| 高阳1号 | 湖北宜昌 | 花序枝大，宽圆锥形，总梗与花梗近等长，花萼浅裂，萼裂反卷，结果多，长椭圆形 |
| 高阳2号 | 湖北宜昌 | 花序枝宽圆锥形，总梗与花梗近等长，花萼深裂、反卷、被毛黄，花期不脱落，果多，细长圆锥形 |
| 高阳3号 | 湖北宜昌 | 花序枝广圆锥形，较小，稀疏，总梗与花梗近等长，花萼深裂，不反卷，果长椭圆形 |

# 1 白变5

# 2 毛变20

## 3 建始1号

## 4 宜昌1号

## 5 共青2号

## 6 共青3号

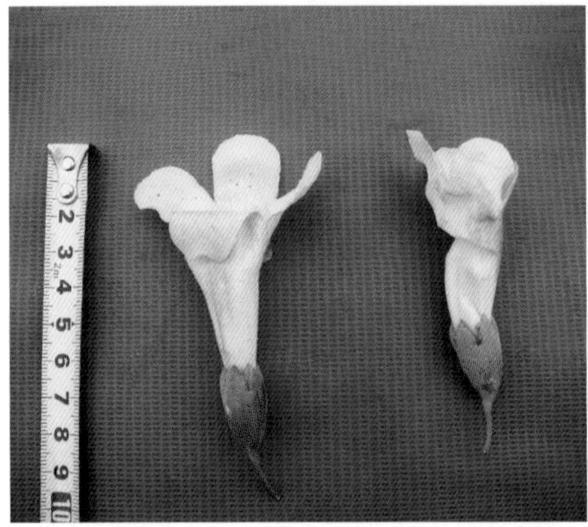

## 7 高阳1号

## 8 高阳2号

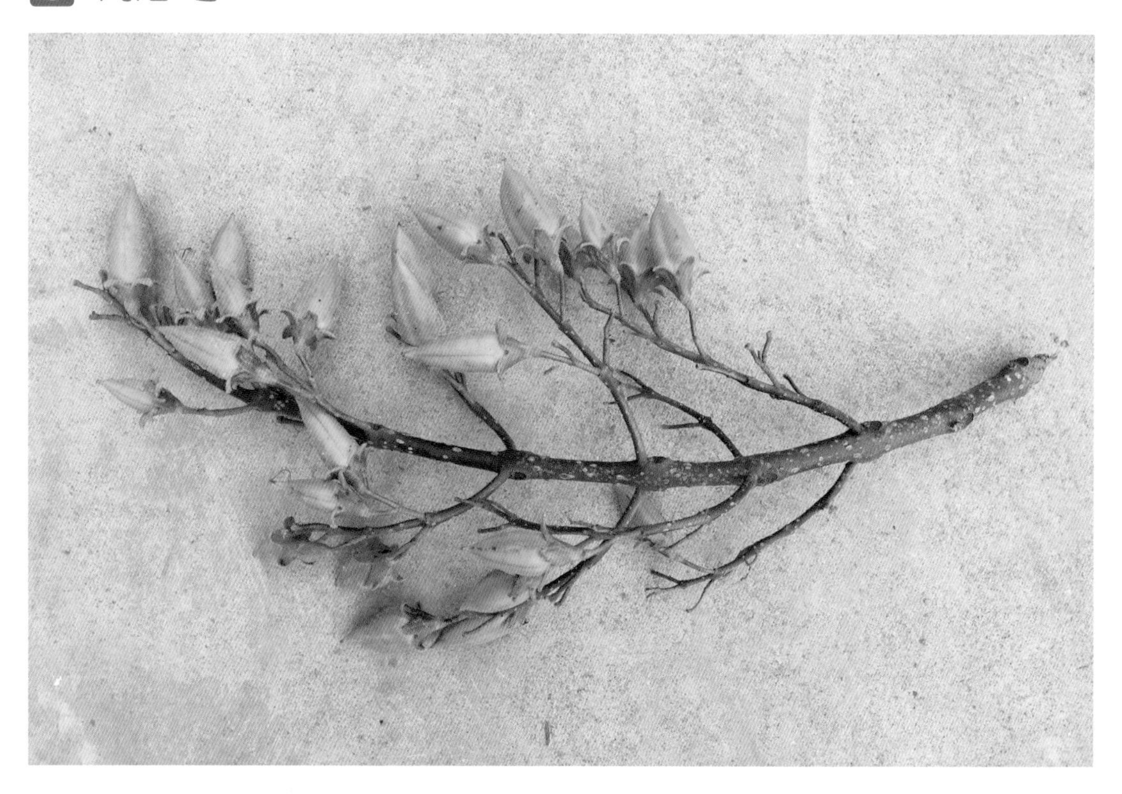

## 9 高阳3号

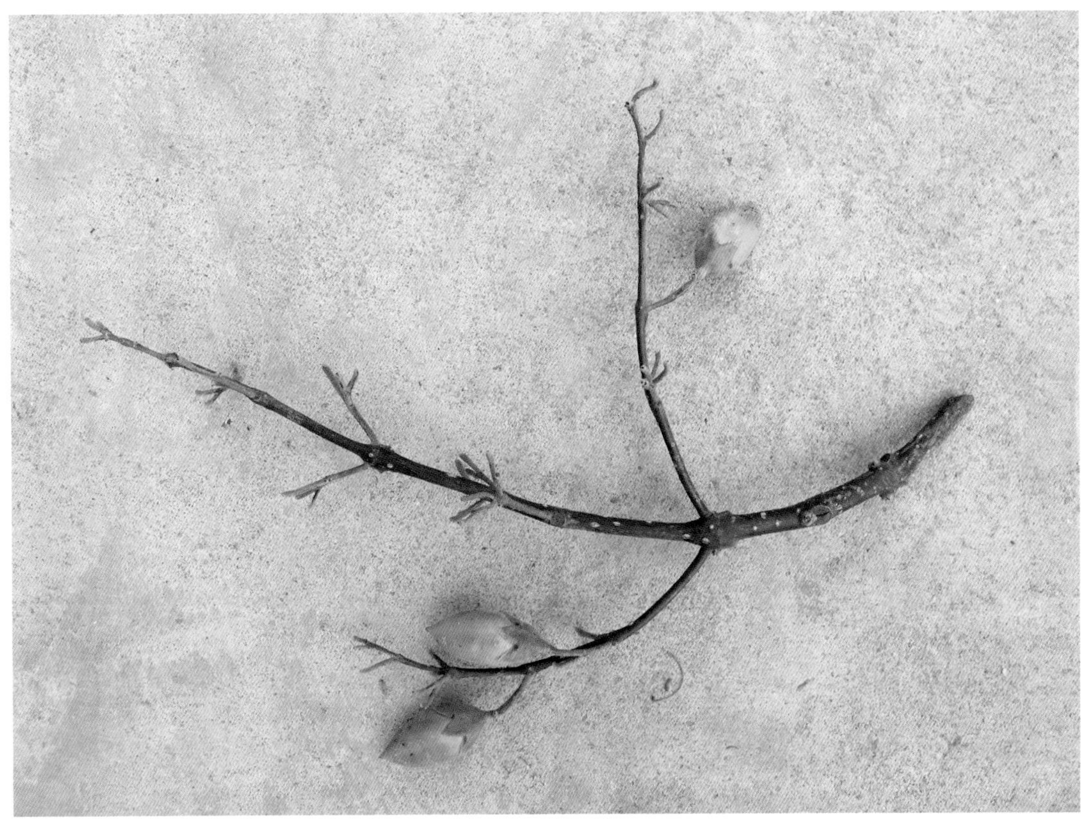

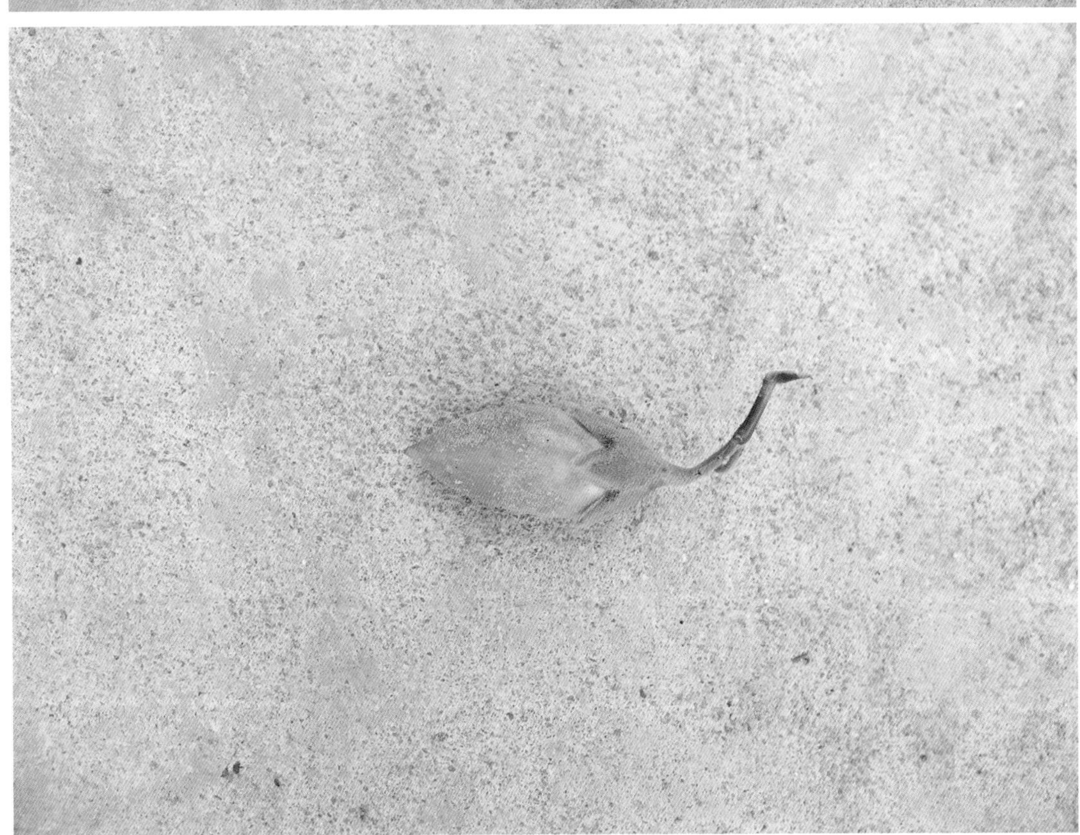

# 三、泡桐的种内变异

泡桐属各个种内个体间一致性的程度相差很大，有一些种像兰考泡桐、宜昌泡桐、山明泡桐、建始泡桐等，由于长期无性繁殖，种内个体间性状变异较小，而毛泡桐、白花泡桐、华东泡桐和川泡桐多用种子繁殖，种内变异十分丰富，个体间差异很大。常见的性状变异包括树形，花色，果实形状、大小，分枝习性和物候期早晚等，由于这些种内变异的原因，往往在同一个地区可以看到一个种内分化出不同的形态或生态类型。在资源调查收集工作中，我们对一些变异丰富、类型区分明显的种类，进行了种内变异材料的收集和保存，并通过采集枝条和嫁接繁殖，保持其基因型。收集材料包括毛泡桐4个、白花泡桐10个和兰考泡桐1个，共15个，详见表3-1。

表3-1　泡桐种内变异类型

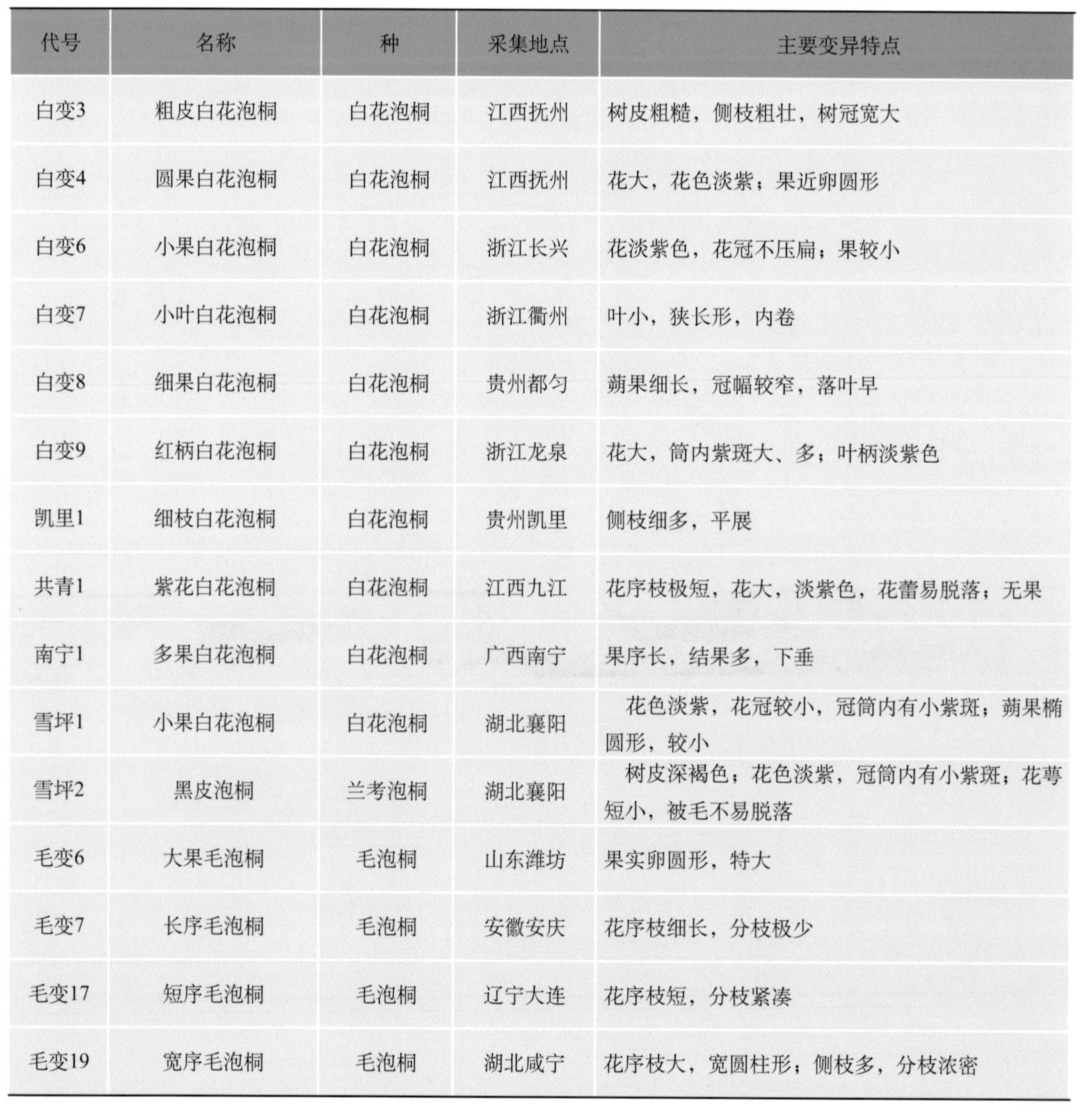

| 代号 | 名称 | 种 | 采集地点 | 主要变异特点 |
|---|---|---|---|---|
| 白变3 | 粗皮白花泡桐 | 白花泡桐 | 江西抚州 | 树皮粗糙，侧枝粗壮，树冠宽大 |
| 白变4 | 圆果白花泡桐 | 白花泡桐 | 江西抚州 | 花大，花色淡紫；果近卵圆形 |
| 白变6 | 小果白花泡桐 | 白花泡桐 | 浙江长兴 | 花淡紫色，花冠不压扁；果较小 |
| 白变7 | 小叶白花泡桐 | 白花泡桐 | 浙江衢州 | 叶小，狭长形，内卷 |
| 白变8 | 细果白花泡桐 | 白花泡桐 | 贵州都匀 | 蒴果细长，冠幅较窄，落叶早 |
| 白变9 | 红柄白花泡桐 | 白花泡桐 | 浙江龙泉 | 花大，筒内紫斑大、多；叶柄淡紫色 |
| 凯里1 | 细枝白花泡桐 | 白花泡桐 | 贵州凯里 | 侧枝细多，平展 |
| 共青1 | 紫花白花泡桐 | 白花泡桐 | 江西九江 | 花序枝极短，花大，淡紫色，花蕾易脱落；无果 |
| 南宁1 | 多果白花泡桐 | 白花泡桐 | 广西南宁 | 果序长，结果多，下垂 |
| 雪坪1 | 小果白花泡桐 | 白花泡桐 | 湖北襄阳 | 花色淡紫，花冠较小，冠筒内有小紫斑；蒴果椭圆形，较小 |
| 雪坪2 | 黑皮泡桐 | 兰考泡桐 | 湖北襄阳 | 树皮深褐色；花色淡紫，冠筒内有小紫斑；花萼短小，被毛不易脱落 |
| 毛变6 | 大果毛泡桐 | 毛泡桐 | 山东潍坊 | 果实卵圆形，特大 |
| 毛变7 | 长序毛泡桐 | 毛泡桐 | 安徽安庆 | 花序枝细长，分枝极少 |
| 毛变17 | 短序毛泡桐 | 毛泡桐 | 辽宁大连 | 花序枝短，分枝紧凑 |
| 毛变19 | 宽序毛泡桐 | 毛泡桐 | 湖北咸宁 | 花序枝大，宽圆柱形；侧枝多，分枝浓密 |

## 1 白变4

## 2 多果白花泡桐

## 3 长序毛泡桐

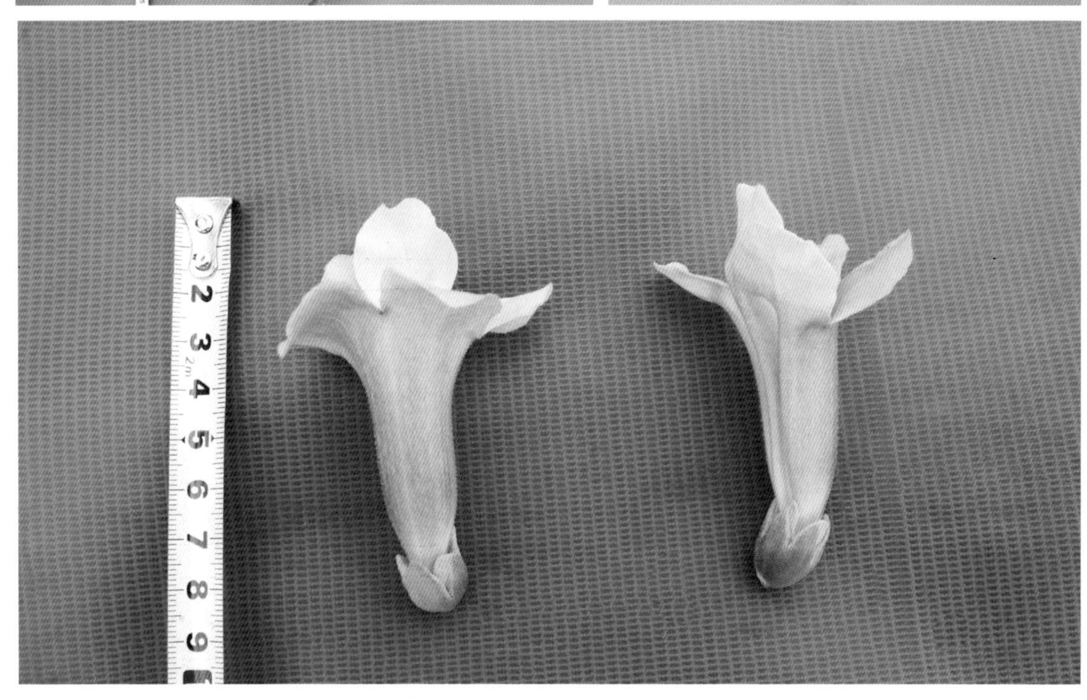

## 4 紫花白花泡桐

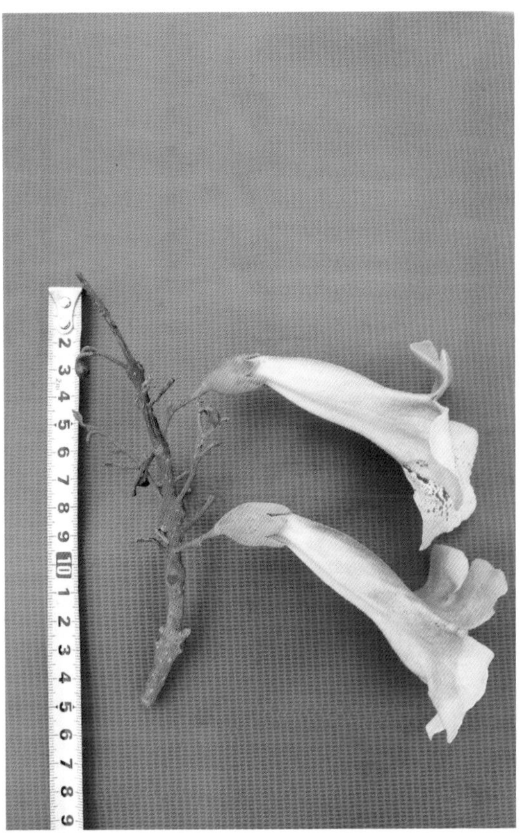

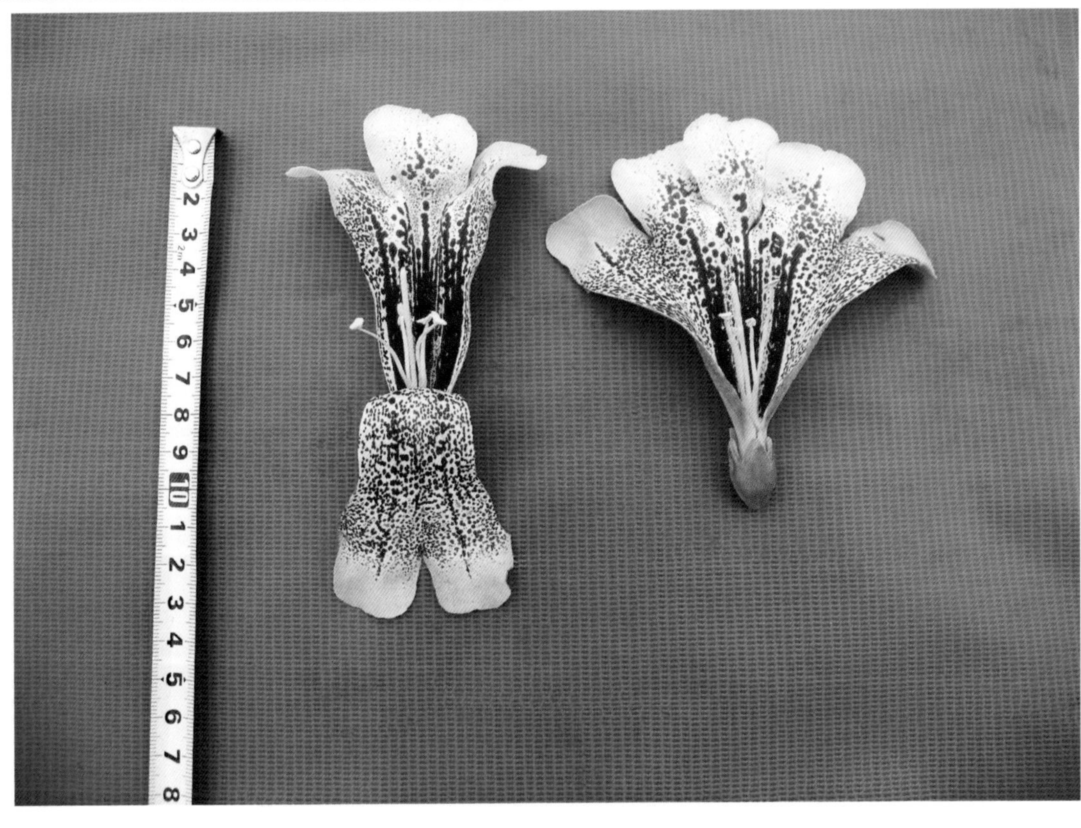

## 5 细枝白花泡桐

# 四、泡桐的不同种源

泡桐适应性强，分布范围广泛，像毛泡桐、白花泡桐，其分布区域可以跨越几个气候带，由于受分布区内不同气候、土壤条件等因素的影响，种内出现了明显的地理变异，形成种内群体的分化，因此按照同一个种不同的地理分布，收集地理种源，有助于丰富种质资源的多样性，保存优良变异，并从中进行优良种源的选择和利用。

种源收集的种类主要是选择分布范围广泛，人工栽培化程度较低，大多用种子繁殖和天然分布为主的树种。根据泡桐属的起源历史和分布现状，从11个种中选择毛泡桐、白花泡桐、华东泡桐和川泡桐这4个原始种。种源点的规划根据分布区现状，大体上按2～3个经纬度，距离200～300km设一个采种点，每个点的范围直径为20～30km，选择20株母树，每株采5～10个果实。

种源收集主要在2008年9～12月进行，共采集白花泡桐种源37个，毛泡桐种源25个，华东泡桐种源10个，川泡桐种源8个，合计80个。所有种子于2009年播种育苗，2010年营造种源试验林。收集种源见表4-1。

表4-1　泡桐的不同种源

| 种类 | 编号 | 产地 | 种类 | 编号 | 产地 |
|---|---|---|---|---|---|
| 白花泡桐 | 白1 | 湖北宜昌 | 白花泡桐 | 白15 | 江西鹰潭 |
| 白花泡桐 | 白2 | 湖南岳阳 | 白花泡桐 | 白16 | 江西九江 |
| 白花泡桐 | 白3 | 湖南常德 | 白花泡桐 | 白17 | 浙江诸暨 |
| 白花泡桐 | 白4 | 湖南张家界 | 白花泡桐 | 白18 | 浙江衢州 |
| 白花泡桐 | 白5 | 湖南怀化 | 白花泡桐 | 白19 | 浙江龙泉 |
| 白花泡桐 | 白6 | 湖南邵阳 | 白花泡桐 | 白20 | 浙江丽水 |
| 白花泡桐 | 白7 | 湖南株洲 | 白花泡桐 | 白21 | 浙江温州 |
| 白花泡桐 | 白8 | 湖南衡阳 | 白花泡桐 | 白22 | 福建福州 |
| 白花泡桐 | 白9 | 湖南郴州 | 白花泡桐 | 白23 | 福建龙岩 |
| 白花泡桐 | 白10 | 广东韶关 | 白花泡桐 | 白24 | 福建三明 |
| 白花泡桐 | 白11 | 江西赣州 | 白花泡桐 | 白25 | 福建沙县 |
| 白花泡桐 | 白12 | 江西吉安 | 白花泡桐 | 白26 | 福建南平 |
| 白花泡桐 | 白13 | 江西宜春 | 白花泡桐 | 白27 | 重庆涪陵 |
| 白花泡桐 | 白14 | 江西抚州 | 白花泡桐 | 白28 | 贵州遵义 |

（续）

| 种类 | 编号 | 产地 | 种类 | 编号 | 产地 |
|---|---|---|---|---|---|
| 白花泡桐 | 白29 | 贵州凯里 | 毛泡桐 | 毛18 | 江苏徐州 |
| 白花泡桐 | 白30 | 贵州都匀 | 毛泡桐 | 毛19 | 江苏南京 |
| 白花泡桐 | 白31 | 贵州镇宁 | 毛泡桐 | 毛20 | 安徽蚌埠 |
| 白花泡桐 | 白32 | 广西南宁 | 毛泡桐 | 毛21 | 安徽合肥 |
| 白花泡桐 | 白33 | 广西柳州 | 毛泡桐 | 毛22 | 湖北孝感 |
| 白花泡桐 | 白34 | 广西桂林 | 毛泡桐 | 毛23 | 湖北咸宁 |
| 白花泡桐 | 白35 | 广西河池 | 毛泡桐 | 毛24 | 安徽安庆 |
| 白花泡桐 | 白36 | 广西贺州 | 毛泡桐 | 毛25 | 安徽芜湖 |
| 白花泡桐 | 白37 | 广西梧州 | 华东泡桐 | 华1 | 湖南怀化 |
| 毛泡桐 | 毛1 | 甘肃天水 | 华东泡桐 | 华2 | 湖南株洲 |
| 毛泡桐 | 毛2 | 甘肃庆阳 | 华东泡桐 | 华3 | 湖南郴州 |
| 毛泡桐 | 毛3 | 陕西延安 | 华东泡桐 | 华4 | 浙江诸暨 |
| 毛泡桐 | 毛4 | 陕西商洛 | 华东泡桐 | 华5 | 浙江龙泉 |
| 毛泡桐 | 毛5 | 山西晋中 | 华东泡桐 | 华6 | 浙江温州 |
| 毛泡桐 | 毛6 | 山西临汾 | 华东泡桐 | 华7 | 福建龙岩 |
| 毛泡桐 | 毛7 | 河北保定 | 华东泡桐 | 华8 | 福建三明 |
| 毛泡桐 | 毛8 | 河北邯郸 | 华东泡桐 | 华9 | 福建南平 |
| 毛泡桐 | 毛9 | 山东泰安 | 华东泡桐 | 华10 | 江西九江 |
| 毛泡桐 | 毛10 | 山东潍坊 | 川泡桐 | 川1 | 湖北建始 |
| 毛泡桐 | 毛11 | 山东临沂 | 川泡桐 | 川2 | 四川沐川 |
| 毛泡桐 | 毛12 | 河南安阳 | 川泡桐 | 川3 | 重庆万州 |
| 毛泡桐 | 毛13 | 河南南阳 | 川泡桐 | 川4 | 重庆涪陵 |
| 毛泡桐 | 毛14 | 河南商城 | 川泡桐 | 川5 | 贵州遵义 |
| 毛泡桐 | 毛15 | 湖北襄阳 | 川泡桐 | 川6 | 贵州凯里 |
| 毛泡桐 | 毛16 | 湖北十堰 | 川泡桐 | 川7 | 贵州毕节 |
| 毛泡桐 | 毛17 | 湖北宜昌 | 川泡桐 | 川8 | 贵州六盘水 |

## 1 毛泡桐的不同种源播种苗

## 2 白花泡桐的不同种源播种苗

## 3 华东泡桐的不同种源播种苗

## 4 川泡桐的不同种源播种苗

## 5 江西共青城2年生白花泡桐种源试验林

# 五、泡桐的优良单株

泡桐属树木个体间变异十分丰富，在一些重要经济性状上存在明显差异，发现、鉴别和选择其中的一些优良单株，可以为育种群体的建立和优良无性系的选育、利用提供重要保证。对于毛泡桐、白花泡桐这些分布范围广泛，多用种子繁殖，容易天然杂交的种类，优良单株选择更具有重要的实用价值。

对优良单株的选择按照生长评定和形质评定两方面制订当选的限制标准。在实际选择时，采用独立标准法进行评比和选择，有丛枝病，侧枝粗大，干形低矮弯曲，结果多和粗生长低于该种最低指标的单株，均不能入选。

根据以上方法和标准，在全国范围内选出白花泡桐优树59株，毛泡桐优树17株，川泡桐优树6株，华东泡桐优良单株7株，台湾泡桐优良单株3株，共计92株，对每一株分别采集一年生枝条，利用嫁接繁殖苗木，并通过培土生根枝术，获得优良单株的自根苗。优树具体编号见表5-1。

表5–1　泡桐属优树

| 种类 | 编号 | 分布 | 种类 | 名称 | 分布 |
|---|---|---|---|---|---|
| 白花泡桐 | 白优2 | 湖南常德 | 白花泡桐 | 白优20 | 江西鹰潭 |
| 白花泡桐 | 白优3 | 湖南张家界 | 白花泡桐 | 白优21 | 江西九江 |
| 白花泡桐 | 白优4 | 湖南张家界 | 白花泡桐 | 白优22 | 浙江龙游 |
| 白花泡桐 | 白优5 | 湖南怀化 | 白花泡桐 | 白优23 | 浙江丽水 |
| 白花泡桐 | 白优6 | 湖南邵阳 | 白花泡桐 | 白优24 | 浙江温州 |
| 白花泡桐 | 白优7 | 湖南邵阳 | 白花泡桐 | 白优25 | 浙江温州 |
| 白花泡桐 | 白优8 | 湖南邵阳 | 白花泡桐 | 白优26 | 浙江温州 |
| 白花泡桐 | 白优9 | 湖南衡阳 | 白花泡桐 | 白优27 | 福建三明 |
| 白花泡桐 | 白优10 | 湖南衡阳 | 白花泡桐 | 白优28 | 福建三明 |
| 白花泡桐 | 白优12 | 湖南郴州 | 白花泡桐 | 白优29 | 福建三明 |
| 白花泡桐 | 白优13 | 湖南郴州 | 白花泡桐 | 白优30 | 重庆涪陵 |
| 白花泡桐 | 白优14 | 广东韶关 | 白花泡桐 | 白优31 | 重庆涪陵 |
| 白花泡桐 | 白优15 | 江西吉安 | 白花泡桐 | 白优32 | 重庆涪陵 |
| 白花泡桐 | 白优16 | 江西赣州 | 白花泡桐 | 白优33 | 重庆涪陵 |
| 白花泡桐 | 白优17 | 江西宜春 | 白花泡桐 | 白优34 | 贵州遵义 |
| 白花泡桐 | 白优19 | 江西鹰潭 | 白花泡桐 | 白优35 | 贵州遵义 |

（续）

| 种类 | 编号 | 分布 | 种类 | 名称 | 分布 |
|---|---|---|---|---|---|
| 白花泡桐 | 白优36 | 贵州凯里 | 毛泡桐 | 毛优5 | 山西晋中 |
| 白花泡桐 | 白优37 | 贵州凯里 | 毛泡桐 | 毛优6 | 山西晋中 |
| 白花泡桐 | 白优38 | 贵州凯里 | 毛泡桐 | 毛优7 | 河南林州 |
| 白花泡桐 | 白优39 | 广西柳州 | 毛泡桐 | 毛优8 | 辽宁大连 |
| 白花泡桐 | 白优40 | 广西柳州 | 毛泡桐 | 毛优9 | 湖北十堰 |
| 白花泡桐 | 白优41 | 广西桂林 | 毛泡桐 | 毛优10 | 江苏徐州 |
| 白花泡桐 | 白优42 | 广西桂林 | 毛泡桐 | 毛优14 | 安徽蚌埠 |
| 白花泡桐 | 白优43 | 广西河池 | 毛泡桐 | 毛优15 | 安徽蚌埠 |
| 白花泡桐 | 白优44 | 广西河池 | 毛泡桐 | 毛优16 | 安徽蚌埠 |
| 白花泡桐 | 白优45 | 广西河池 | 毛泡桐 | 毛优17 | 安徽合肥 |
| 白花泡桐 | 白优46 | 浙江龙泉 | 毛泡桐 | 毛优18 | 湖北咸宁 |
| 白花泡桐 | 白优47 | 广东韶关 | 毛泡桐 | 毛优19 | 湖北咸宁 |
| 白花泡桐 | 白优48 | 湖南衡阳 | 毛泡桐 | 毛优21 | 山西晋中 |
| 白花泡桐 | 白优49 | 湖南株洲 | 华东泡桐 | 华优1 | 湖南怀化 |
| 白花泡桐 | 白优50 | 江西宜春 | 华东泡桐 | 华优2 | 湖南株洲 |
| 白花泡桐 | 白优51 | 湖南邵阳 | 华东泡桐 | 华优4 | 浙江龙泉 |
| 白花泡桐 | 白优52 | 湖南怀化 | 华东泡桐 | 华优5 | 福建龙岩 |
| 白花泡桐 | 白优53 | 湖南张家界 | 华东泡桐 | 华优6 | 湖南株洲 |
| 白花泡桐 | 白优54 | 贵州遵义 | 华东泡桐 | 华优7 | 福建三明 |
| 白花泡桐 | 白优55 | 贵州安顺 | 华东泡桐 | 华优8 | 福建南平 |
| 白花泡桐 | 白优56 | 贵州都匀 | 川泡桐 | 川优1 | 湖北恩施 |
| 白花泡桐 | 白优57 | 广西河池 | 川泡桐 | 川优3 | 四川沐川 |
| 白花泡桐 | 白优58 | 广西河池 | 川泡桐 | 川优4 | 重庆万州 |
| 白花泡桐 | 白优59 | 广西贺州 | 川泡桐 | 川优5 | 贵州遵义 |
| 白花泡桐 | 白优60 | 湖南张家界 | 川泡桐 | 川优6 | 贵州六盘水 |
| 白花泡桐 | 白优61 | 江西吉安 | 川泡桐 | 川优7 | 贵州毕节 |
| 白花泡桐 | 白优62 | 贵州凯里 | 台湾泡桐 | 台优1 | 湖南怀化 |
| 毛泡桐 | 毛优1 | 山东潍坊 | 台湾泡桐 | 台优2 | 湖南株洲 |
| 毛泡桐 | 毛优3 | 山西临汾 | 台湾泡桐 | 台优3 | 江西赣州 |
| 毛泡桐 | 毛优4 | 山西晋中 | | | |

# 1 毛泡桐优树

## 1.1 毛优1

山东省维坊市，“四旁”植树，树龄29年，树高15.8m，胸径77.6cm，枝下高4.6m，冠幅18.6m，无丛枝病。

1.2 毛优3

山西省监汾市，“四旁”植树，树龄20年，树高13.1m，胸径47.0cm，枝下高4.2m，冠幅12.0m，生长旺盛，结果少，无丛枝病。

### 1.3 毛优8

辽宁省大连市，树龄18年，树高15.2m，胸径53.6cm，枝下高3.0m，冠幅12.1m，无丛枝病。

### 1.4 毛优14

安徽省蚌埠市，“四旁”植树，树龄17年，树高15.5m，胸径34.5cm，枝下高7.8m，冠幅7.5m，无丛枝病。

1.5 毛优15

安徽省蚌埠市，“四旁”植树，树龄16年，树高15.8m，胸径45.5cm，枝下高4.5m，冠幅13.7m，无丛枝病。

## 2 白花泡桐优树

### 2.1 白优2

湖南省常德市，“四旁”植树，树龄33年，树高22.0m，胸径64.3cm，枝下高9.8m，冠幅11.0m，无丛枝病。

## 2.2 白优4

湖南省张家界市，“四旁”植树，树龄13年，树高18.8m，胸径43.1cm，枝下高6.4m，冠幅14.7m，属粗枝条型，结果少，无丛枝病。

### 2.3 白优5

湖南省怀化市，“四旁”植树，树龄20年，树高18.5m，胸径56.5cm，枝下高7.2m，冠幅9.9m，无丛枝病。

### 2.4 白优6

湖南省邵阳市，“四旁”植树，树龄7年，树高12.5m，胸径39.3cm，枝下高4.7m，冠幅13.0m，粗枝、宽冠、结果少，无丛枝病。

### 2.5 白优7

湖南省邵阳市，“四旁”植树，树龄8年，树高14.6m，胸径33.5cm，枝下高8.3m，冠幅5.5m，结果多，无丛枝病。

## 2.6 白优12

湖南省郴州市，“四旁”植树，树龄15年，树高17.0m，胸径45.2cm，枝下高7.5m，冠幅9.0m，无丛枝病。

### 2.7 白优15

江西省吉安市，“四旁”植树，树龄10年，树高14.7m，胸径43.4cm，枝下高6.6m，冠幅9.5m，结果多，无丛枝病。

## 2.8 白优28

福建省三明市，“四旁”植树，树龄10年，树高12.8m，胸径27.0cm，枝下高3.9m，冠幅7.3m，无丛枝病。

2.9 白优29

福建省三明市，“四旁”植树，树龄11年，树高21.7m，胸径44.0cm，枝下高6.0m，冠幅8.5m，结果多，无丛枝病。

## 2.10 白优31

重庆涪陵市，“四旁”植树，树龄20年，树高17.6m，胸径66.0cm，枝下高11.6m，冠幅8.1m，生长快，干形极好，结果极少，无丛枝病。

## 2.11 白优33

重庆涪陵市，“四旁”植树，树龄14年，树高16.7m，胸径45.6cm，枝下高8.5m，冠幅14.8m，生长迅速，干形好，结果少，无丛枝病。

## 2.12 白优35

贵州省遵义市，农田散生树，树龄25年，树高18.8m，胸径48.3cm，枝下高9.2m，冠幅10.1m，结果少，无丛枝病。

## 2.13 白优36

贵州省凯里市，“四旁”植树，树龄26年，树高16.1m，胸径72.6cm，枝下高5.8m，冠幅10.7m，宽冠型，结果多，无丛枝病。

## 2.14 白优41

广西壮族自治区桂林市，“四旁”植树，树龄11年，树高16.2m，胸径49.3cm，枝下高4.0m，冠幅10.5m，果少，无丛枝病。

2.15 白优42

广西壮族自治区桂林市，“四旁”植树，树龄12年，树高15.0m，胸径46.5cm，枝下高8.2m，冠幅8.1m，结果多，无丛枝病。

2.16 白优45

广西壮族自治区河池市，“四旁”植树，树龄15年，树高20.1m，胸径45.3cm，枝下高8.5m，冠幅7.5m，生长旺盛，自然接干能力强，无丛枝病。

## 2.17 白优46

浙江省龙泉市，散生树，树龄10年，树高13.6m，胸径32.5cm，枝下高3.5m，冠幅8.0m，生长旺盛，结果极少，无丛枝病。

2.18 白优51

湖南省邵阳市，“四旁”植树，树龄30年，树高15.5m，胸径71.0cm，枝下高6.2m，冠幅12.2m，结果少，无丛枝病。

### 2.19 白优54

贵州省遵义市，农田散生树，树龄25年，树高18.2m，胸径65.3cm，枝下高10.6m，冠幅8.5m，无丛枝病。

### 2.20 白优56

贵州省都匀市，山地散生树，树龄10年，树高16.2m，胸径43.1cm，枝下高5.8m，冠幅9.5m，冠窄，结果少，无丛枝病。

## 2.21 白优57

广西壮族自治区河池市，山地散生树，树龄10年，树高18.2m，胸径38.1cm，枝下高7.5m，冠幅10.5m，无丛枝病。

## 2.22 白优58

广西壮族自治区河池市，“四旁”植树，树龄10年，树高18.5m，胸径51.0cm，枝下高7.2m，冠幅10.6m，密枝，果少，无丛枝病。

## 2.23 白优59

广西壮族自治区贺州市，山地散生树，树龄12年，树高18.1m，胸径49.8cm，枝下高6.0m，冠幅10.5m，无丛枝病。

## 3 华东泡桐优树

### 3.1 华优1

湖南省怀化市，“四旁”植树，树龄5年，树高10.2m，胸径22.3cm，枝下高4.0m，冠幅6.0m，无丛枝病。

### 3.2 华优2

湖南省株洲市，"四旁植树"，树龄5年，树高11.3m，胸径20.2cm，枝下高3.6m，冠幅5.2m，无丛枝病。

### 3.3 华优4

浙江省龙泉市，树龄9年，树高13.0m，胸径33.7cm，枝下高9.5m，冠幅5.5m，无丛枝病。

### 3.4 华优5

福建省龙岩市，“四旁”植树，树龄5年，树高10.8m，胸径22.6cm，枝下高3.4m，冠幅8.6m，无丛枝病。

3.5 华优6

湖南省株洲市，散生树，树龄5年，树高9.7m，胸径20.1cm，枝下高2.2m，冠幅7.0m，无丛枝病。

## 4 川泡桐优树

### 4.1 川优1

湖北省恩施市，“四旁”散生树，树龄13年，树高9.0m，胸径37.5cm，枝下高6.5m，冠幅6.8m，生长旺盛，无丛枝病。

### 4.2 川优3

四川省沐川县，散生树，树龄12年，树高13.5m，胸径36.1cm，枝下高8.2m，冠幅9.4m，无丛枝病。

4.3 川优4

重庆市万州区，散生树，树龄12年，树高14.3m，胸径36.2cm，枝下高6.1m，冠幅8.5m，果少，无丛枝病。

4.4 川优5

贵州省遵义市，“四旁”植树，树龄16年，树高21.8m，胸径60.0cm，枝下高12.5m，冠幅16.0m，干形好，生长快，结果极少，无丛枝病。

4.5 川优6

贵州省六盘水市，散生树，树龄10年，树高15.6m，胸径29.6cm，枝下高5.6m，冠幅8.5m，结果少，无丛枝病。

4.6 川优7

贵州省毕节市，“四旁”植树，树龄9年，树高11.5m，胸径24.8cm，枝下高4m，冠幅5.3m，无丛枝病。

## 5 台湾泡桐优树

### 5.1 台优2

湖南省株洲市，“四旁”植树，树龄8年，树高13.2m，胸径30.4cm，枝下高5.6m，冠幅7.3m，生长旺盛，结果多，无丛枝病。

5.2 台优3

江西省赣州市，“四旁”植树，树龄13年，树高18.0m，胸径46.0cm，枝下高3.0m，冠幅8.6m，大果型，干形好，无丛枝病。

# 六、泡桐的优良无性系

自20世纪70年代以来，国内在泡桐遗传改良方面作了大量工作，通过选择育种、杂交育种和杂种优势利用，选育出一批具有不同优良性状的杂交组合和优良无性系，对这些人工种质资源的收集保存，不但可以极大地丰富泡桐种质资源，为育种群体建立提供材料，还可以通过进一步试验、鉴别，从中筛选出优良无性系直接用于生产。

在这次资源调查收集工作中，共收集各类已鉴定泡桐无性系38个，未鉴定泡桐无性系43个。大体分为以下4类：优树无性系、种间杂种无性系、实生选种无性系和航天育种无性系。

无性系均采用埋根繁殖方式培育出埋根苗，定植于基因库或育种群体。详见表6-1和表6-2。



表6-1 已鉴定泡桐无性系

| 序号 | 名称 | 起源 | 亲本 |
| --- | --- | --- | --- |
| 1 | C125 | 优树选择 | 兰考泡桐 |
| 2 | C020 | 实生选种 | 白花泡桐 |
| 3 | C137 | 优树选择 | 兰考泡桐 |
| 4 | 8508-2 | 人工杂交 | 白花泡桐×毛泡桐 |
| 5 | 8508-3 | 人工杂交 | 白花泡桐×毛泡桐 |
| 6 | C161 | 优树选择 | 毛泡桐 |
| 7 | 9501 | 实生选种 | 白花泡桐 |
| 8 | 9502 | 人工杂交 | 毛泡桐×白花泡桐 |
| 9 | 9503 | 人工杂交 | 毛泡桐×白花泡桐 |
| 10 | 9504 | 人工杂交 | 毛泡桐×白花泡桐 |
| 11 | 78-08 | 人工杂交 | 毛泡桐×白花泡桐 |
| 12 | 85802 | 人工杂交 | 毛泡桐×白花泡桐 |
| 13 | 84-83-1 | 人工杂交 | 白花泡桐×兰考泡桐 |
| 14 | 80-30-1 | 人工杂交 | 毛泡桐×白花泡桐 |
| 15 | 7911 | 实生选种 | 川泡桐 |

（续）

| 序号 | 名称 | 起源 | 亲本 |
| --- | --- | --- | --- |
| 16 | 陕桐3号 | 人工杂交 | 毛泡桐×白花泡桐 |
| 17 | 陕桐4号 | 人工杂交 | 毛泡桐×白花泡桐 |
| 18 | 苏桐3号 | 人工杂交 | 毛泡桐×白花泡桐 |
| 19 | 苏桐70 | 实生选种 | 白花泡桐 |
| 20 | 8112-3 | 实生选种 | 白花泡桐 |
| 21 | 中林3号 | 实生选种 | 白花泡桐 |
| 22 | 毛杂16 | 实生选种 | 毛泡桐 |
| 23 | 豫杂1号 | 人工杂交 | 毛泡桐×白花泡桐 |
| 24 | 毛白33 | 人工杂交 | 毛泡桐×白花泡桐 |
| 25 | 桐选1号 | 实生选种 | 白花泡桐 |
| 26 | 桐选 2号 | 实生选种 | 白花泡桐 |
| 27 | 圆冠泡桐 | 实生选种 | 楸叶泡桐 |
| 28 | 武夷山2号 | 实生选种 | 白花泡桐 |
| 29 | 航天01 | 航天育种 | 白花泡桐 |
| 30 | 航天09 | 航天育种 | 白花泡桐 |
| 31 | 航天32 | 航天育种 | 毛泡桐×白花泡桐 |
| 32 | 航天35 | 航天育种 | 毛泡桐×白花泡桐 |
| 33 | 航天36 | 航天育种 | 毛泡桐×白花泡桐 |
| 34 | 白兰75 | 人工杂交 | （兰考泡桐×白花泡桐）×白花泡桐 |
| 35 | 白兰82 | 人工杂交 | （兰考泡桐×白花泡桐）×白花泡桐 |
| 36 | 兰白93 | 人工杂交 | （兰考泡桐×白花泡桐）×白花泡桐 |
| 37 | 兰白94 | 人工杂交 | （兰考泡桐×白花泡桐）×白花泡桐 |
| 38 | 兰白86 | 人工杂交 | （毛泡桐×白花泡桐）×白花泡桐 |

表6-2 未鉴定泡桐无性系

| 序号 | 名称 | 起源 | 亲本 |
|---|---|---|---|
| 1 | 01-1 | 超级苗选择 | 白花泡桐 |
| 2 | 01-4 | 超级苗选择 | 白花泡桐 |
| 3 | 01-5 | 超级苗选择 | 白花泡桐 |
| 4 | 01-11 | 超级苗选择 | 白花泡桐 |
| 5 | 01-12 | 超级苗选择 | 白花泡桐 |
| 6 | 01-18 | 超级苗选择 | 白花泡桐 |
| 7 | 01-20 | 超级苗选择 | 白花泡桐 |
| 8 | 01-22 | 超级苗选择 | 白花泡桐 |
| 9 | 01-23 | 超级苗选择 | 白花泡桐 |
| 10 | 01-26 | 超级苗选择 | 白花泡桐 |
| 11 | 01-29 | 超级苗选择 | 白花泡桐 |
| 12 | 02-34 | 超级苗选择 | 川泡桐 |
| 13 | 02-35 | 超级苗选择 | 川泡桐 |
| 14 | 02-36 | 超级苗选择 | 川泡桐 |
| 15 | 03-37 | 超级苗选择 | 华东泡桐 |
| 16 | 03-38 | 超级苗选择 | 华东泡桐 |
| 17 | 03-39 | 超级苗选择 | 华东泡桐 |
| 18 | 03-42 | 超级苗选择 | 华东泡桐 |
| 19 | 04-49 | 超级苗选择 | 毛泡桐 |
| 20 | 1-3 | 优树选择 | 白花泡桐 |
| 21 | 1-30 | 优树选择 | 白花泡桐 |
| 22 | 1-38 | 优树选择 | 白花泡桐 |
| 23 | 1-39 | 优树选择 | 白花泡桐 |
| 24 | 1-43 | 优树选择 | 白花泡桐 |
| 25 | 1-45 | 优树选择 | 白花泡桐 |
| 26 | 1-47 | 优树选择 | 白花泡桐 |

（续）

| 序号 | 名称 | 起源 | 亲本 |
|---|---|---|---|
| 27 | 1-48 | 优树选择 | 白花泡桐 |
| 28 | 1-54 | 优树选择 | 白花泡桐 |
| 29 | 1-57 | 优树选择 | 白花泡桐 |
| 30 | 1-58 | 优树选择 | 白花泡桐 |
| 31 | -1 | 实生选种 | 白花泡桐 |
| 32 | -2 | 实生选种 | 白花泡桐 |
| 33 | -3 | 实生选种 | 白花泡桐 |
| 34 | -4 | 实生选种 | 白花泡桐 |
| 35 | -5 | 实生选种 | 白花泡桐 |
| 36 | -7 | 实生选种 | 白花泡桐 |
| 37 | -8 | 实生选种 | 白花泡桐 |
| 38 | -9 | 实生选种 | 白花泡桐 |
| 39 | -10 | 实生选种 | 白花泡桐 |
| 40 | -11 | 实生选种 | 白花泡桐 |
| 41 | 24-13 | 人工杂交 | 毛泡桐 × 白花泡桐 |
| 42 | 7606-6 | 人工杂交 | 毛泡桐 × 白花泡桐 |
| 43 | 25-29 | 人工杂交 | 毛泡桐 × 白花泡桐 |

6.1 毛白33 单株

4年生，树高14.0m，枝下高4.8m，胸径31.5cm，冠幅10.0m。

### 6.2 9501单株

4年生，树高14.2m，枝下高4.3m，胸径35.2cm，冠幅12.0m。

### 6.3 9501丰产林

3年生，株行距6m×4m，树高12.65m，胸径18.92cm。

# 七、泡桐超级苗选择

在4种泡桐80个种源播种育苗过程中，发现一些生长特别健壮，苗高、地径显著超过一般苗木的单株，我们利用超级苗选择方法对这些苗木进行了选择，在12 000株播种苗中共选出51株，其中白花泡桐30株、毛泡桐9株、华东泡桐6株、川泡桐6株。

对于选出的苗木，分别采集种根进行埋根育苗，并在繁殖苗木的同时，进行无性系苗期测定。通过一年测试，从51个无性系中初选出22个，对这22个无性系又进行了埋根育苗和苗期测定，并从22个中复选出14个优良无性系，这14个无性系包括白花泡桐7个，毛泡桐天然杂种2个，华东泡桐天然杂种 3个，川泡桐天然杂种2个。详见表7-1。

表7–1 不同种类播种苗当选超级苗无性系

| 种类 | 编号 | 种源 | 种类 | 编号 | 种源 |
|---|---|---|---|---|---|
| 白花泡桐 | 01-1 | 江西抚州 | 白花泡桐 | 01-19 | 江西宜春 |
| 白花泡桐 | 01-2 | 江西赣州 | 白花泡桐 | 01-20 | 浙江衢州 |
| 白花泡桐 | 01-3 | 广东韶关 | 白花泡桐 | 01-21 | 福建龙岩 |
| 白花泡桐 | 01-4 | 湖南郴州 | 白花泡桐 | 01-22 | 湖南郴州 |
| 白花泡桐 | 01-5 | 湖南邵阳 | 白花泡桐 | 01-23 | 湖南郴州 |
| 白花泡桐 | 01-6 | 广西贺州 | 白花泡桐 | 01-24 | 广西桂林 |
| 白花泡桐 | 01-7 | 广西梧州 | 白花泡桐 | 01-25 | 广西梧州 |
| 白花泡桐 | 01-8 | 广西河池 | 白花泡桐 | 01-26 | 广西柳州 |
| 白花泡桐 | 01-9 | 广西柳州 | 白花泡桐 | 01-27 | 湖南张家界 |
| 白花泡桐 | 01-10 | 广西南宁 | 白花泡桐 | 01-28 | 湖南邵阳 |
| 白花泡桐 | 01-11 | 重庆涪陵 | 白花泡桐 | 01-29 | 湖南郴州 |
| 白花泡桐 | 01-12 | 广西桂林 | 白花泡桐 | 01-30 | 广西桂林 |
| 白花泡桐 | 01-13 | 福建三明 | 川泡桐 | 02-31 | 四川沐川 |
| 白花泡桐 | 01-14 | 贵州凯里 | 川泡桐 | 02-32 | 贵州凯里 |
| 白花泡桐 | 01-15 | 福建龙岩 | 川泡桐 | 02-33 | 贵州遵义 |
| 白花泡桐 | 01-16 | 江西赣州 | 川泡桐 | 02-34 | 贵州凯里 |
| 白花泡桐 | 01-17 | 湖南郴州 | 川泡桐 | 02-35 | 四川沐川 |
| 白花泡桐 | 01-18 | 湖北宜昌 | 川泡桐 | 02-36 | 重庆涪陵 |
| 华东泡桐 | 03-37 | 湖南郴州 | 毛泡桐 | 04-45 | 河南信阳 |

（续）

| 种类 | 编号 | 种源 | 种类 | 编号 | 种源 |
|---|---|---|---|---|---|
| 华东泡桐 | 03-38 | 湖南郴州 | 毛泡桐 | 04-46 | 江苏南京 |
| 华东泡桐 | 03-39 | 湖南怀化 | 毛泡桐 | 04-47 | 河南信阳 |
| 华东泡桐 | 03-40 | 湖南郴州 | 毛泡桐 | 04-48 | 安徽蚌埠 |
| 华东泡桐 | 03-41 | 浙江温州 | 毛泡桐 | 04-49 | 安徽芜湖 |
| 华东泡桐 | 03-42 | 浙江温州 | 毛泡桐 | 04-50 | 湖北襄阳 |
| 毛泡桐 | 04-43 | 安徽蚌埠 | 毛泡桐 | 04-51 | 河南南阳 |
| 毛泡桐 | 04-44 | 陕西商洛 | | | |

## 1 毛泡桐、白花泡桐、华东泡桐、川泡桐一年生播种超级苗

毛泡桐播种超级苗

白花泡桐播种超级苗

川泡桐播种超级苗

## 2 超级苗无性系苗期测定

03-35

04-37

## 3 超级苗优良无性系的2年生幼树生长状况

# 八、泡桐基因库和育种群体的建立

根据“泡桐基因库与育种群体建立技术研究”项目的要求，我们对以上调查收集的所有材料，进行了苗木繁殖，并分别在湖北赤壁、江西九江、河南温县和河南原阳4个点，营造了种源试验林、无性系测定林、优树收集区和基因资源保存林，总面积为720亩。分别在湖北赤壁、江西九江建立优质抗逆育种群体120亩。

江西九江泡桐资源保存林

江西九江2年生白花泡桐优树保存林

江西九江4年生泡桐资源保存林

河南原阳2年生无性系资源保存与测定林

湖北赤壁3年生种源保存与测定试验林

河南温县1年生无性系资源保存林

江西九江1年生育种群体

湖北赤壁1年生育种群体

# 参考文献

[1]蒋建平.泡桐栽培学（第一版）.北京:中国林业出版社,1990.

[2]竺肇华.泡桐属植物分布中心及区系成分的探讨.林业科学,1981,19(3).

[3]苌哲新,史淑兰.中国泡桐属新植物.河南农业大学学报,1989,23(1).

[4]龚彤.中国泡桐属植物的研究.植物分类学报,1976,14(2).

[5]陈志远.泡桐属 *Paulownia* 分类管见.华中农业大学学报,1986,5(3).

[6]马浩,张冬梅,李荣幸等.泡桐属植物种类的RFLP分析.植物研究,2001,21(1).

[7]陈志远,姚崇怀,胡惠蓉等.泡桐属的起源、演化与地理分布.武汉植物学研究,2000,18(4).

[8]陈龙清,王顺安,陈志远,冯兴伟.滇、黔地区泡桐种类及分布考察.华中农业大学学报,1995,14(4).

[9]陈志远,梁作栯,冯兴伟.浙、苏、皖3省泡桐属种类和分布考察初报.华中农业大学学报,1996,15(1).

[10]陈志远.泡桐属细胞分类学研究.华中农业大学学报,1997,16(6).

[11]张存义,赵裕后,赵体顺等.泡桐属一个新天然杂种——圆冠泡桐.植物分类学报,1995,33(5).

[12]Dali Fu. *Paulownia serrata* - a New Species from China. Nature and Science, 2003,1(1).

[13]莫文娟.泡桐种质资源遗传多样性的ISSR研究.中南林业科技大学，2010，硕士论文.

[14]李芳东,袁德义,莫文娟等.白花泡桐种源遗传多样性的ISSR分析.中南林业科技大学学报：自然科学版,2011,31(7).

[15]莫文娟,袁德义,李芳东等.白花泡桐种源的遗传多样性和遗传分化研究.植物研究,2011,31(5).